Bibliografische Information der Deutschen Nationalbibliothek:

Die Deutsche Bibliothek verzeichnet diese Publikation in der Deutschen Nationalbibliografie; detaillierte bibliografische Daten sind im Internet über http://dnb.d-nb.de/ abrufbar.

Impressum:

Druck und Bindung: Books on Demand GmbH, Norderstedt Germany
ISBN: 9783668643208

Dieses Buch bei GRIN:

https://www.grin.com/document/412876

Johannes Roth

Inwiefern kann der "Chinese Pakistan Economic Corridor" dazu beitragen, die Beziehungen zwischen beiden Ländern zu beeinflussen?

Kosten und Nutzen des CPEC für Pakistan

GRIN Verlag

Freie Universität Berlin

Fachbereich Geowissenschaften

Institut für geographische Wissenschaften

Regionale- und angewandte Themen der Geographie

Welterfahrung, Weltenteilung, Weltsichten. Unterschiedliche Perspektiven in der Globalisierung

WiSe 2017/18

Regionale- und angewandte Themen der Geographie (GEOWISS_V_24413a_17W)

Inwiefern kann der „Chinese Pakistan Economic Corridor" (CPEC) dazu beitragen, die Beziehungen zwischen beiden Ländern zu beeinflussen?

Bearbeiter:

Name: Johannes Roth

Inhaltsverzeichnis

Abbildungsverzeichnis

1. Einleitung

1.1 Relevanz

„Long live China Pakistan Friendship!“ – Mit diesen Worten beschloss Chinas Premier Minister Li Keqiang seine Rede am 23. Mai 2013 vor dem pakistanischen Senat in Islamabad, in der er zuvor mit der Idee für einen ökonomischen Korridor zwischen beiden Ländern das größte bilaterale Wirtschaftsprojekt in der Geschichte der beteiligten Staaten angestoßen hatte (china.org.cn) (Sial 2014). Der Chinese Pakistan Economic Corridor (CPEC) - im April 2015 offiziell initiiert - soll die chinesische Stadt Kashgar in Chinas autonomer uighurischer Provinz im äußersten Westen seines Landes mit dem Hafen Gwadar in der südwestlich gelegenen Region Belutschistan in Pakistan verbinden (Tiezzi 2014). China möchte durch CPEC neben der Stärkung eines strategisch wichtigen und langjährigen Partners, die eigene Energieversorgung sichern und effizienter gestalten, in dem es plant, nach Fertigstellung des Projekts ein Großteil der Energielieferungen aus dem Nahen Osten auf diesem Weg zu importieren (Abid & Asfaq 2015 142ff.). China hat die geopolitisch wichtige Lage Pakistans als „Verbindungsstück“ zwischen den Ländern des Nahen Ostens mit ihren großen Energiereserven und ihrem eigenen Territorium erkannt und versucht mit Hilfe Pakistans eigene Ziele zu verfolgen. „*It* [Pakistan] *is situated at the juncture of energy proficient to the energy deficient countries.*“ (Hussain & Hussain 2017 S.3).

Die Vorteile, die China aus dieser Kooperation ziehen kann liegen klar auf der Hand, doch auch Pakistan erhofft sich durch die Intensivierung der Zusammenarbeit die eigene wirtschaftliche Lage zu verbessern. So wird erwartet, dass sich durch CPEC die Wirtschaftsleistung Pakistans um über 15% des Bruttoinlandsprodukts steigern wird (Abid & Asfaq 2015, S. 159), in dem eine effizientere Energieversorgung sowie bessere Möglichkeiten Handel zu treiben, geschaffen werden. Nicht selten wird hier im Zusammenhang mit diesem Projekt sogar von einem „Game Changer“ (Iqbal 2017) für Pakistans Wirtschaft gesprochen (Abid & Asfaq 2015 S. 148).

Während die politischen und militärischen Beziehungen beider Länder schon seit vielen Jahren relativ ausgeprägt sind (siehe Abschnitt 3), waren die wirtschaftlichen Verbindungen auch durch mangelnde Infrastruktur relativ begrenzt. Der CPEC hat das Potential, dies maßgeblich zu ändern (Akhtar 2014, S. 81) und kann so auch Auswirkungen auf alle Ebenen der bilateralen Beziehung haben. Aufgrund des überschaubaren Umfangs dieser Hausarbeit steht bei der Beantwortung der Forschungsfrage Pakistans Rolle bei den bilateralen Beziehungen im Mittelpunkt. Sie soll anhand einer historischen Darstellung der Partnerschaft sowie einer Kosten-Nutzen-Analyse für Pakistan diskutiert werden. Chinesische Motivationen und Erwartungen werden lediglich am Rande angesprochen.

1.2 CPEC und OBOR

Dieser Plan ist als *„flagship-project*" (Esteban 2016, S. 63) der chinesischen „One Belt, one Road" Initiative (OBOR) (z.B.: Godehardt 2016) - oft auch „Belt and Road Initiaive" (BRI) genannt (z.B.: Li 2015) - anzusehen, die sich das ehrgeizige Ziel gesetzt hat, Länder und Regionen in Europa, Asien und Afrika mit einem Netz aus Handelswegen und integrierten Freihandelszonen, wirtschaftlich enger miteinander zu verbinden (siehe Abb. 1). Bestehend aus zwei Hauptverbindungsachsen, dem „Silk Road Economic Corridor" auf der Eurasischen Landmasse und der „Maritime Silk Road" zu Wasser, sollen Regionen mit insgesamt 63% der Weltbevölkerung mit 21% der globalen Wirtschaftsleistung abgedeckt werden (Abid & Ashfaq 2015 S. 144). Jedoch handelt es sich bei diesem Vorhaben nicht um ein in sich abgeschlossenes Projekt mit strikt vorgegeben Zielen. Der Term „OBOR" fungiert vielmehr als Überbegriff, der bestehende und zukünftige Pläne der wirtschaftlichen Verzahnung des Eurasischen Kontinents und wichtiger maritimer Handelswege, die von China ausgehen, zusammenzufasst. CPEC soll als Basis für regionale Kooperationen dienen, die zu Wirtschaftswachstum und Handelsdiversifizierung zwischen den betroffenen Staaten maßgeblich beitragen sollen (Hussain & Hussain 2017 S.2). China erhofft sich durch die Implementierung dieses Plans neben höheren Exporten auch eine Diversifizierung der eigenen Energieimportoptionen (Ritzinger 2015). Zudem soll er die eigenen geopolitischen Ansprüche unterstützen (Markey & West 2017; Hussain & Hussain, S. 6).

Abb.1: Chinas OBOR-Plan, Markey et al. 2016

2. Beschreibung von CPEC

Wie bereits in der Einleitung angesprochen, handelt es sich beim CPEC um ein von China und Pakistan gemeinsam initiiertes Infrastruktur- und Entwicklungsprojekt, um beide Länder verkehrstechnisch und damit auch ökonomisch effektiver miteinander zu verbinden. Die offizielle Initiierung dieses Projekts fand im April 2015 statt, als Chinas Premier Li Keqiang bei einem Besuch in Islamabad ein Investitionsprogramm in Pakistan mit einem Gesamtvolumen von 46 Mrd. US-Dollar, ausgelegt bis 2030, ankündigte (Markey & West 2016). Konkret geht es um eine Verbindung zwischen der chinesischen Stadt Kashgar, in der autonomen uighurischen Provinz im Westen des Landes und des Hafens von Gwadar in der südwestlichen pakistanischen Region Belutschistan (Hussain & Hussain 2017 S. 3; Sial 2014). Den CPEC sollte man dennoch nicht als starres Konstrukt ansehen, sondern vielmehr als Rahmenplan zur Verbesserung der regionalen Konnektivität, welcher neben der Schaffung von Verkehrswegen, auch die Intensivierung sozialer Kontakte zwischen den involvierten Gruppen als Ziel vorgibt. (cpec.gov.). Der circa 3000 km lange Korridor (Singh & Magray 2017, S.6; Ahmar 2014, S. 37) beinhaltet neben einem Aus- und Neubau von

Straßen- und Schienenwege sowie dem Bau einer Pipeline und einem Glasfaserkabel-Netzwerk, weitere lokale Projekte in Pakistan wie dem Bau von Kraftwerken und Sonderwirtschaftszonen (SEZ). Bei diesem „Economic Corridor“ steht anders als bei einem Transitkorridor die nachhaltige wirtschaftliche Entwicklung der Regionen, durch die er verläuft, im Mittelpunkt (Esteban 2016, S. 69).

Der Zeitplan zur Verwirklichung ist in drei Abschnitte unterteilt. Die erste Phase, der „Early-Harvest“ Projekte soll bereits 2018 abgeschlossen werden. „Short-Term“ und „Middle-Term“ Projekte sollen bis 2020 und 2025 fertig gestellt werden (Ministry of Finance).

Der Bau von Straßenverbindungen ist ein zentraler Bestandteil des CPEC Projekts. Diese sind aufgeteilt in eine westliche-, östliche-, und zentrale Route, welche alle in Gwadar und Kashgar ihre Endpunkte haben. Diese verlaufen parallel durch Pakistan und nutzen Teilweise dieselben Verbindungen. Den nördlichen Teil aller Stränge bildet der schon bestehende Karakorum Highway, welcher am Khunjerab-Pass im Pamir Gebirge die Grenze beider Länder überwindet und anschließend nach Kashgar führt. Durch die Aufteilung in Stränge soll der wirtschaftliche und infrastrukturelle Anschluss möglichst vieler Regionen Pakistans ermöglicht werden. Die Gesamtkosten für die Verwirklichung der Infrastruktur sollen ca. 12 Mrd. US-Dollar betragen (Shoukat et al. 2015, S. 2). Neben diesen physischen Verbindungen sollen ebenfalls 27 Sonderwirtschaftszonen entstehen, um wirtschaftliche Kooperationen mit chinesischen Firmen zu fördern (Esteban 2016, S.70f.).

Ein weiterer wichtiger Bestandteil dieses Projekts ist, wie bereits angedeutet, die Sicherstellung der lokalen Energieversorgung, was durch den Bau von Kraftwerken unterschiedlicher Art gewährleistet werden soll. Geplant sind laut aktuellem Pakistan Economic Survey (Ministry of Finance) insgesamt 22 Bauvorhaben mit erwarteten Gesamtkosten von ca. 34 Mrd. US-Dollar (Shoukat et al. 2015, S. 2).

Das „Kronjuwel“ (Rakisits 2015, S.68) und Endstück in Pakistan des CPEC Plans und bildet der Ausbau des schon mehrfach erwähnten Hafens in Gwadar, welcher seit 2013 unter chinesischer Kontrolle steht (Sial 2014). Neben der Errichtung von diversen Bauwerken, welche für den Hafenbetrieb nötig sind, ist ebenfalls die Implementierung einer Freihandelszone sowie der Bau eines internationalen Flughafens vorgesehen (cpec.gov).

Durch seine geographische Lage an der Straße von Hormuz, durch die 45% der weltweiten Öllieferungen transportiert werden, soll der Hafen Chinas und Pakistans Ziel der Diversifizierung und Sicherung von Energieimporten aus dem Nahen Osten ermöglichen. Für Chinas gesamtes „OBOR“ oder „BRI“ Projekt, nimmt er ebenfalls eine Schlüsselrolle ein, da hier die beiden Stränge des Projekts, die „Maritime Silk Road“ sowie der „Silk Road Economic Corridor“ miteinander verbunden werden (Esteban 2016 S. 67). Da der Hafen ebenfalls die Möglichkeit bietet, militärisch genutzt zu werden, ermöglicht er China sich in dieser geopolitisch wichtigen Region gut zu positionieren (Ritzinger 2015; Abid & Asfaq 2015, S. 144).

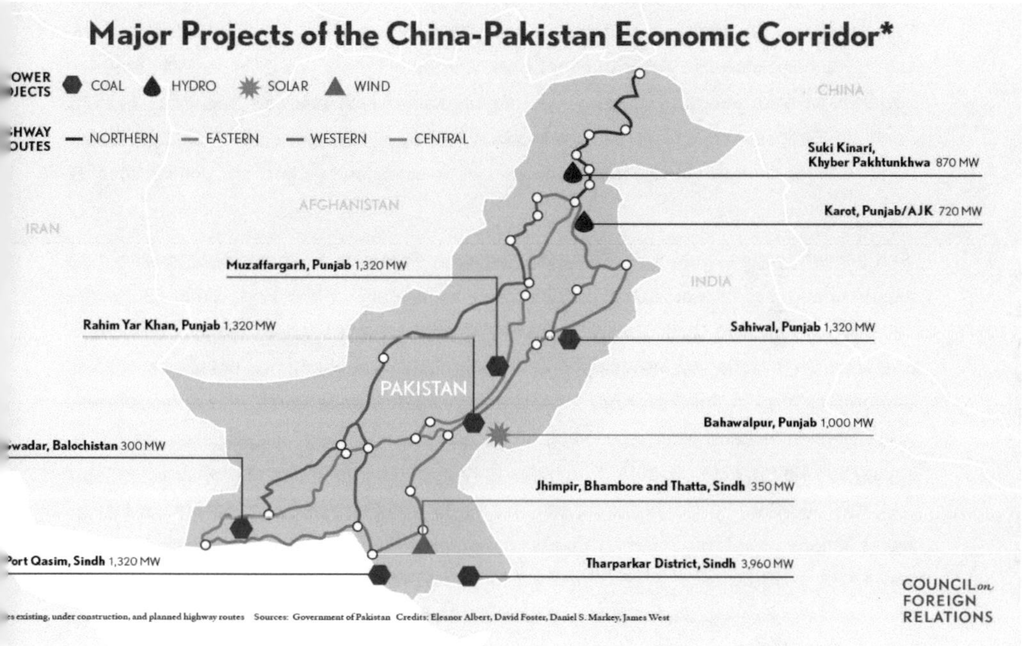

Abb.2: Karte von CPEC und seinen wichtigsten Projekten in Pakistan (Markey et al. 2016)

3. Pakistanisch-chinesische Beziehungen

Die pakistanischen-chinesisch bilateralen Beziehungen reichen bereits bis ins Jahr 1951 zurück, als beide Länder begannen, diplomatische Beziehungen aufzubauen. Anfang der 1960er Jahre brachten die aufkommende chinesisch-indische Feindschaft in Kombination mit der Unzufriedenheit Pakistans hinsichtlich des Verhaltens seiner Alliierten, insbesondere den USA, die beiden Länder näher zusammen. In Folge dessen fand man 1963 zu einer Einigung über die gemeinsamen Grenzziehungen, die als Basis für die sich bis heute weiter intensivierenden politischen Beziehungen gilt. Der Konflikt mit Indien um die Kaschmir-Region 1965, bei der Pakistan für ihre Ansprüche zu wenig militärische Unterstützung von seinen West-Alliierten bekam, war der Anreiz sich auch im Anbetracht einer militärischen Partnerschaft stärker China zuzuwenden (Akhtar 2014, S.69ff.).

Zunächst waren die bisherigen wirtschaftlichen bilateralen Beziehungen allerdings weniger ausgeprägt, als die politischen und militärischen. Obwohl bereits 1963 ein erstes langfristiges Freihandelsabkommen beschlossen wurde, behinderten einige Faktoren den wirtschaftlichen Austausch. Als ein weiteres Merkmal der ökonomischen Beziehungen muss zudem Pakistans Handelsdefizit gegenüber China erwähnt werden. Viele von Pakistan exportierte Güter, wie beispielsweise Textilien oder Kohle, werden ebenfalls von China selbst produziert beziehungsweise gefördert, so dass hier oftmals keine wechselseitige Nachfrage besteht. Auch die Fertigstellung des Karakorum Highways im Jahr 1978, der eine Verbindungsachse beider Länder darstellt, konnte die Situation nicht entscheidend verbessern (Akhtar 2014, S. 79).

Erst als zur Jahrtausendwende Pakistans damaliger Präsident Musharaf den Fokus auf die Intensivierung der ökonomischen Beziehungen legte, gab es hier Fortschritte. So wurde 2001 ein Programm beschlossen, welches privaten chinesischen Firmen bevorzugte Käuferkredite in Höhe von insgesamt 500 Millionen US-Dollar einräumte, um bilaterale Joint-Ventures zu fördern. Im Dezember 2004 wurden sieben weitere Verträge beschlossen und beide Staaten sicherte sich gegenseitig den Status des Meistbegünstigungsprinzips (MFN-status) zu (Akhtar 2014, S. 80f.). Durch das in Kraft treten von Freihandelsabkommen 2007 und 2009 für einige wichtige Exportgüter konnte in den Folgejahren der bilaterale Handel weiter florieren. Laut des *Pakistan Economic Survey 2013-14* hat sich das Handelsvolumen von 4,1 Mrd. US-Dollar in 2006-07 auf 9,2 Mrd. US-Dollar in 2012-13 mehr als verdoppelt und Pakistans Exporte nach China sich von 0,6 Mrd. US-Dollar auf 2,6 Mrd. US-Dollar im selben Zeitraum mehr als vervierfacht. Im Jahr 2013-14 gingen somit etwa zehn Prozent aller pakistanischen Exporte nach China (Sial 2014).

4. Kosten-Nutzen-Analyse des Projekts für Pakistan

4.1 Herausforderungen für Pakistan

Zu den Herausforderungen, die durch CPEC für Pakistan entstehen, gehören die hohen ökonomischen Aufwendungen. Zunächst einmal trägt der pakistanische Staat avisierte Kosten von 18 Mrd. US-Dollar (Abid & Asfaq 2015, S. 147), was für ihn bei einem Gesamt-BIP von ca. 300 Mrd. US-Dollar im Jahr 2016-17 (Pakistan Economic Survey) eine enorme finanzielle Anstrengung bedeutet. Es muss ebenfalls verdeutlicht werden, dass es sich bei den chinesischen Investitionen keinesfalls um „Geschenke" handelt, sondern um Kredite von chinesischen Banken, die mit Zinsen zurückgezahlt werden müssen (Esteban 2016, S. 68)

Die langfristigen wirtschaftlichen Aussichten könnte ebenfalls weitere Risiken für Pakistan beinhalten. Durch die hohen ausländischen Investitionen und die Schaffung von Sonderwirtschaftszonen, wie am Beispiel des Hafens Gwadar in Abschnitt 2 erklärt, gibt Pakistan Teile der eigenen Souveränität zugunsten chinesischer Firmen auf und macht sich so langfristig abhängig (Sial 2014).

Es muss ebenfalls verdeutlicht werden, dass Pakistan und China in Anbetracht ihrer Wirtschaftsstärke sehr große Unterschiede aufweisen. Während Pakistan bereits vor dem Start des CPEC-Projekts zehn Prozent seiner Gesamtexporte nach China ausführte, ist Pakistan für chinesische Exporte mit einem Anteil von 0,84% (oec.com) im Jahr 2016 kein wichtiger Abnehmer. Diese Zahlen unterstreichen die starke einseitige Abhängigkeit Pakistans von China, die durch eine Intensivierung der ökonomischen Verhältnisse wohl eher zu- als abnehmen wird (Sial 2014).

Eine weitere Herausforderung birgt die nach wie vor schwierige Sicherheitslage in Pakistan, welche in der Vergangenheit Investoren aus dem Ausland abgeschreckt hat. In einigen Regionen, wie beispielsweise in Belutschistan im Südwesten Pakistans, in der sich auch Gwadar befindet, gibt es starke Autonomiebestrebungen und lokale Anführer sehen die Verwirklichung des Projekts kritisch, was in Angriffen gegen die Mitarbeiter chinesischer Firmen zum Ausdruck kam (Shoukat 2015, S.4; Esteban 2016, S.69). Zur Befriedung von innenpolitischen Spannungen und zum Schutz der chinesischen Arbeiter hat die pakistanische Regierung 2015 die Zahl der Sicherheitskräfte vor Ort um 12000 Personen aufgestockt. Die Ausgaben für die Sicherheit müssen selbstverständlich von Pakistan getragen werden, was 2016 für Kosten von schätzungsweise 45 Mrd. Pakistanische Rupien (ca. 330 Mil. Euro) sorgte (Esteban 2016; S.65). Diese notwendigen Maßnahmen verdeutlichen die schwierige Sicherheitslage in einigen Teilen Pakistans. Sollte die ursprüngliche Zielsetzung des CPEC, der lokalen Bevölkerung Zugang zu wirtschaftlicher Prosperität zu verschaffen, verfehlt werden, könnte dies ebenfalls zu Kritik an chinesischen Firmen und zu Sinophobie führen (Esteban 2016, S.70ff.).

Zusätzlich muss beachtet werden, dass sich die Verwirklichungen des gesamten Projekts noch in der Anfangsphase befindet. So besteht bei vielen wichtigen Projekten keine komplette Planungssicherheit, da es noch nicht zu endgültigen, vertraglich abgesicherten Einigungen zwischen den beiden involvierten Ländern gekommen ist. Dieser Zustand sorgt unter pakistanischen Wirtschaftsleuten für die Vermutung, dass China weder die Motivation hat von Pakistan als Empfänger für eigene Exporte, noch von gemeinsamen Joint Venture Vorteilen, zu profitieren (Esteban 2016, S.70). Ein Beispiel, das die zurzeit unklare Planungslage zeigt, schildert Kiani (2017). So wurde beim letzten Treffen des „Joint Cooperation Committee" (JCC), das federführend die Planung der einzelnen Vorhaben vornimmt, deutlich, dass das geplante 14 Mrd. US-Dollar teure *Diamer Bhasha* Staudammprojekt, nicht im Rahmen von CPEC verwirklicht werden wird. Der Grund sind Uneinigkeiten bei den chinesischen Besitzrechtsansprüchen, welche sie aus ihren Investition ableiten (Esteban 2016, S. 70f.). Dies zeigt beispielhaft die oben geschilderte Problematik.

4.2 Chancen für Pakistan

Trotz der geschilderten Risiken und Herausforderungen, die sich für Pakistan durch CPEC ergeben, sind die Chancen die sich aus dem Projekt entstehen können, nicht von der Hand zu weisen.

In erster Linie birgt das Projekt für Pakistan die Chance ökonomisches Wachstum zu erzeugen. So soll durch CPEC laut Abid & Asfaq (2015) das Bruttoinlandsprodukt um mehr als 15% steigen. Die verbesserte regionale und globale Konnektivität durch Verkehrsinfrastrukturprojekte, welche durch die massiven chinesischen Investitionen ermöglicht wird, ist hierbei einer der wichtigsten Faktoren um die wirtschaftliche Lage des Landes zu konsolidieren. So soll CPEC nicht nur für einen verstärkten Warenaustausch mit China, sondern auch den Handel mit anderen regionalen und globalen Partnern fördern (Khan 2013, S. 80).

Ein weiteres großes Problem für Pakistans Wirtschaft stellt die in Abschnitt 3 bereits erwähnte mangelhafte Energieversorgung dar. So wird davon ausgegangen, dass 2013 durch die mangelhafte Energieversorgung 50% der Produktivität der Industrie des Landes verloren gingen (Khan 2013, S.89). Dieses Problem soll durch CPEC in Zukunft effektiv durch die Investitionen in die Infrastruktur für Energiegewinnung gelöst werden. So sollen zusammengenommen bis zu 16.400 MW zusätzlich eingespeist werden können und alleine in der ersten der drei Bauphasen bis 2018 für eine Steigerung von ca. 10.040 MW zur bisher eingespeisten Menge in Pakistans Energienetz beitragen (Singh & Magray 2017, S.8). Insgesamt sollen 61% der von China investierten Mittel von 46 Milliarden US-Dollar für die Verbesserungen der Energieinfrastruktur eingesetzt werden (Singh & Magray 2017 S.7f.).

Laut offizieller Zielsetzung, die lokale Bevölkerung an der wirtschaftlichen Entwicklung dieses „Economic Corridor" teilhaben zu lassen (cpec.gov), soll eine nachhaltige Entwicklung weiter Teile des Landes garantiert werden, wie auch folgendes Zitat veranschaulicht: *"Economic Cooperation Programme is also parallel to the concept of establishment of economic corridor for promoting trade and people to people contact by interaction"* (Hussain & Hussain 2017, S.2). Dies soll dabei helfen, die inneren Konflikte in einigen Regionen Pakistan, wie beispielsweise in Belutschistan zu befrieden. Um dies in möglichst weiten Landesteilen zu garantieren, sind, wie bereits in Abschnitt 2 beschrieben, mehrere parallel verlaufende Korridorzweige geplant.

5. Diskussion der Forschungsfrage

Wie in den Abschnitten 3 und 4 dargestellt handelt es sich beim CPEC um ein ambivalent zu beurteilendes Projekt, das fraglos einen großen Einfluss auf die bilateralen Beziehungen haben wird. Die bisher gute politische und militärische Kooperation wird durch dieses Vorhaben um eine wirtschaftliche Komponente von erheblichem Ausmaß erweitert. Geht man von einer erfolgreichen Umsetzung der Planungsinhalte im avisierten Zeitraum aus, ist von einer positiven Entwicklung der pakistanischen Ökonomie auszugehen. Gleichzeitig könnte dennoch die Abhängigkeit Pakistans von China zunehmen und das Handelsdefizit von im von 7,35 Mrd. US-Dollar im Jahr 2014 weiter steigen (Irshad et al. 2015 S. 201).

Ein Szenario, in dem CPEC nicht signifikant fertiggestellt wird oder lediglich als „Transit-Corridor" funktioniert, ist ebenfalls im Bereich des Möglichen (siehe Abschnitt 4.1). Dies würde bedeuten, dass vorwiegend China durch die Sicherung der Energielieferungen und chinesische Firmen durch eingerichtete Sonderwirtschaftszonen profitieren. Die Chancen der Teilhabe für die lokale Wirtschaft wären jedoch stark limitiert (Esteban 2016, S.68). Obwohl dies die Beziehungen beider Länder belasten könnte, ist ein signifikanter Rückzug Pakistans aus der Kooperation mit China unwahrscheinlich. Grund für diese Einschätzung ist die in Abschnitt 3 beschriebene langjährige und gute Partnerschaft der beiden Länder, die durch CPEC durch eine enge ökonomische Kooperation erweitert werden soll (Khan 2013, S. 88ff).

Da wie angedeutet in Abschnitt 1.2 der CPEC für China ein wichtiges Instrument zu Erlangung einer proaktiveren geopolitischen Rolle einnimmt, ist davon auszugehen, dass China ebenfalls an einem guten Verhältnis zu Pakistan interessiert sind. Dies könnte dafür sorgen, dass ein auch ökonomisch ausgeglicheneres Verhältnis entsteht und Pakistans Rolle in den bilateralen Beziehungen gestärkt wird.

Insgesamt ist festzuhalten, dass CPEC für beide Seiten eine entscheidende Rolle in Bezug auf die wirtschaftliche Entwicklung und geopolitischen Einfluss spielt (Singh & Magray 2017, S. 9). Das Fortbestehen der pakistanisch- chinesische „All weather-friendship" (Shoukat et al., S.2; Akhtar 2014, S.83) ist somit in Zukunft auch an das Level der ökonomischen Kooperation und somit stark an den Erfolg von CPEC geknüpft (Akhtar 2014, S. 82).

6. Fazit/ Ausblick

Aufgrund des begrenzten Umfangs der Hausarbeit kann die Forschungsfrage nur ansatzweise beantwortet werden. Es wird jedoch deutlich, dass der CPEC sowohl große Chancen, als auch große Herausforderungen im Hinblick auf Pakistans Verhältnis zu China beinhaltet. Er ermöglicht es Pakistan sich wirtschaftlich und politisch enger an einen starken Partner zu binden und das historisch gewachsene, gute bilaterale Verhältnis weiter zu festigen. Dass das bisherige bilaterale Verhältnis beider Länder eher durch politische und militärische Verbindungen geprägt war und eine wirtschaftliche Verzahnung dieses Ausmaßes ein Novum darstellt, darf bei der kritischen Betrachtung nicht außer Acht gelassen werden. Obgleich das große Potential von keinem wissenschaftlichen Beobachter negiert wird (z.B.: Esteban 2016, Sial 2014, Singh & Magray 2017, Hussain & Hussain 2016), ist dennoch zu bedenken, dass es sich hierbei lediglich um einen Plan handelt, dessen Erfolg von vielen Faktoren abhängt. Sollten die hochgesteckten Erwartungen an dieses Projekt nicht erfüllt werden können, könnte die aktuell positive Stimmung in das Gegenteil umschlagen, was die Gefahr einer Verschlechterung der bilateralen Beziehungen nicht nur in wirtschaftlicher Hinsicht bedeuten könnte. Eine stabile politische- und Sicherheitslage in Pakistan, sowie gleichbleibende chinesische Motivationen und Ambitionen sind maßgeblich notwendig für den Erfolg des Projekts und somit auch für ein intaktes bilaterales Verhältnis.

7. Literatur- und Quellenverzeichnis

ABID, M.; ASHFAQ, A. (2015): CPEC: Challenges and Opportunities for Pakistan. Journal of Pakistan Vision. Vol. 16 Nr. 2. S. 142-169

AHMAR, M. (2014): Strategic Meaning of the China-Pakistan Economic Corridor. Institute of Strategic Studies Islamabad 2015. S. 35 - 49

AKHTAR, S. (2014): Sino-Pakistani Relations: An assessment. Institute of Strategic Studies Islamabad 2015. S. 69 – 85

China.org.cn (2013): Li Keqiang´s speech at the Senate of the Islamic Republic of Pakistan. http://www.china.org.cn/world/2013-05/27/content_28940797.htm (01.12.2017)

Cpec.info.com. China Pakistan Economic Corridor. Official Website. http://www.cpecinfo.com/home

ESTEBAN, M. (2016): The China-Pakistan Corridor. A transit, economic or development corridor. Strategic Studies. Vol. 3 Nr. 2. S. 63-74

GODEHARDT, N. (2016): No End of History. A Chinese Alternative Concept of International Order? Stiftung für Wissenschaft und Politik (SWP). German Institute for International and Security Affairs. Berlin. 24 Seiten.

Government of Pakistan. Official CPEC Website http://cpec.gov.pk/ (01.12.2017)

Government of Pakistan. Ministry of Foreign Affairs (2016): Latest Press Releases/ Speeches. President leads Pakistan delegation to the Thirteenth OIC Islamic Summit in Istanbul. http://www.mofa.gov.pk/pr-details.php?prID=1200 (01.12.2017)

HUSAIN, K. (2017): Exclusive! CPEC Master Plan Revealed. Dawn.com. https://www.dawn.com/news/1333101 (18.12.2017)

HUSSAIN, F.; HUSSAIN, M. (2017): China-Pak Economic Corridor (CPEC) and Its Geopolitical Paradigms. International Journal of Social Sciences, Humanities and Education, [S.l.], Vol. 1, Nr. 2, S 79-95

IRSHAD, M.; XIN, Q.; ARSHAD, H. (2015): One Belt and One road: Does China-Pakistan Economic Corridor Benefit for Pakistan´s Economy? Journal of Economics and Sustainable Development. Vol. 6, Nr. 24. S. 200-207

JAVAID, U.; JAVAID, R. (2016): Strengthening Geo-strategic Bond of Pakistan and China Through Geo-Economic Configuration. Pakistan Economic and Social Review. Lahore. Vol. 54 Nr. 1. S. 123- 42

KHAN, S. (2013): Geo-Economic Imperatives of Gwadar Sea Port and Kashgar Economic Zone for Pakistan and China. IPRI Journal XIII, Nr. 2. S. 87 – 100

KHAN, T. (2017): Importance of Pak-China Economic Corridor. Global Affairs. http://www.globalaffairs.com.pk/importance-of-pak-china-economiccorridor (12.12.2017)

KIANI, K. (2017): CPEC enters the next phase. Dawn.com 20.11.2017 https://www.dawn.com/news/1371702 (12.12.2017)

Li, M. (2015). China's "One Belt, One Road" Initiative: New Round of Opening up? RSIS Commentaries, No. 050. RSIS Commentaries. Singapore: Nanyang Technological University.

MARKEY, D., WEST, J. (2016): Behind China´s Gambit on Pakistan. The stakes in the Chniese Pakistan Economic Corridor. Council on Foreign Relations. http://www.cfr.org/pakistan/behind-chinas-gambit-pakistan/p37855 (01.12.2017)

MASOOD, M. T.; FAROOQ, M.; HUSSAIN, S. B. (2016): Pakistans Potentials as a Transit Trade Corridor and Transportation Challenges. Pakistans Business Review April 2016. S. 267-289

Ministry of Finance. Government of Pakistan. Pakistan Economic Survey 2016/17. http://www.finance.gov.pk/survey_1617.html (22.12.2017)

OEC (Observatory of Economic Complexity) https://atlas.media.mit.edu/de/profile/country/chn/#Ziell%C3%A4nder (09.01.2018)

RAKISITS, C. (2015): A path to the sea: Chinas Pakistan plan. World Affairs, Vol. 178, Nr. 3, S. 67-74.

RITZINGER, L. (2015): The Chinese Pakistan Economic Corridor. Regional Dynamics and China´s Geopolitical Ambitions. The National Bureau of Asian Research.

SHOUKAT, A.; AHMAD, K.; ABDULLAH, M. (2015): Does Infrastructure Development Promote Economic Integration? CPEC´s Implications for Pakistan.

SIAL, S. (2014): The China Pakistan Economic Corridor: an assessment of potential threats and constraints. http://21stcenturycpec.com/wp-content/uploads/2016/12/The-China-Pakistan-Economic-Corridor-an-assessment-of-potential-threats-and-constraints.pdf (11.12.2017)

SINGH, S.; MAGRAY, J. (2017): China- Pakistan Economic Corridor (CPEC), It´s impact on Pakistan Economy. International Journey of Innovative Research and Advanced Studies (IJIRAS). Vol. 4, Nr. 7, S. 6-9.

TIEZZI, S. (2014): China, Pakistan Flesh Out New 'Economic Corridor'. The Diplomat, 20.02.2014. http://thediplomat.com/2014/02/china-pakistan-flesh-out-new-economic-corridor/ (15.01.2018)